小地鼠数学游戏闯关漫画书

# 爱放屁的鼹鼠皮皮

纸上魔方◎编绘

北方妇女儿童出版社

长春

**图书在版编目（CIP）数据**

爱放屁的鼹鼠皮皮 / 纸上魔方编绘 . –– 长春：北
方妇女儿童出版社 , 2022.9
（小地鼠数学游戏闯关漫画书）
ISBN 978-7-5585-6429-1

Ⅰ . ①爱… Ⅱ . ①纸… Ⅲ . ①数学－少儿读物 Ⅳ .
① O1–49

中国版本图书馆 CIP 数据核字（2022）第 004964 号

# 爱放屁的鼹鼠皮皮
AI FANGPI DE YANSHU PIPI

| | |
|---|---|
| 出 版 人 | 师晓晖 |
| 策 划 人 | 陶 然 |
| 责任编辑 | 曲长军 庞婧媛 |
| 开 本 | 720mm×1000mm 1/16 |
| 印 张 | 7 |
| 字 数 | 120 千字 |
| 版 次 | 2022 年 9 月第 1 版 |
| 印 次 | 2022 年 9 月第 1 次印刷 |
| 印 刷 | 北京盛华达印刷科技有限公司 |
| 出 版 | 北方妇女儿童出版社 |
| 发 行 | 北方妇女儿童出版社 |
| 地 址 | 长春市福祉大路 5788 号 |
| 电 话 | 总编办：0431-81629600 |
| | 发行科：0431-81629633 |
| 定 价 | 29.80 元 |

# 前 言

　　在一个遥远而神秘的地方有一座地下城，地下城里生活着一群可爱的小精灵，有睿智慈祥的蜈蚣菲幽爷爷，有医术高超的鼠妇大婶儿，有身怀绝技的猿金刚……而本书的主人公小地鼠皮克就是它们中间的一员。

　　几乎每天，小地鼠皮克都会和它最亲密的朋友杰百利在地下城里东游西逛，去寻找好吃的、好玩儿的……别提多么快乐了。但它们时常也会遇到一些小麻烦，那么它们是如何应对的，而在它们的身边又发生过一些什么有趣的故事呢？快，让我们打开本书看看吧……

　　"小地鼠数学游戏闯关漫画书"系列图书，以活泼的童话故事引申出一个个数学问题，由易转难，循序渐进，让小朋友在轻松愉快的阅读过程中不知不觉就能掌握数学解题方法，提高逻辑思维能力。

小朋友，请看几个算式：

1.01 的 365 次方 =37.78343433289；

1 的 365 次方 =1；

0.99 的 365 次方 =0.02551796445229。

是不是感觉很震惊？

1.01=1+0.01，这"0.01"可以看作是每天进步一点儿。这看起来微不足道的进步，在 365 天之后，竟然增长到了约"37.8"，远远大于当初的"1"！

如果没有这每天的一点儿进步，而是原地踏步，即使过了整整 365 天，"1"还是当初的"1"，一点儿也没改变。

而如果每天退步一点儿呢？365 天之后，原来的"1"竟然减少到了不足"0.03"！

　　这种让人惊叹不已的对比，其实告诉我们如果每天进步一点儿，积少成多，能带来巨大的飞跃。

　　如果我们每天进步一点儿，假以时日，就会发生天翻地覆的变化。

　　请跟随小主人公们的脚步，开始你每天进步一点儿的旅程吧：每天的幽默比昨天多一点点，每天的反省比昨天多一点点，每天的满足比昨天多一点点，每天战胜自己多一点点……

# 目录

# 目录

# 狗的嗅觉

"这世界上嗅觉最厉害的一定就是我了！"杰百利称自己的鼻子可以分辨各种美食的气味。不过斑点狗卢斯似乎对这个本事不以为意。

"在陆地生活的动物中，我们狗才是嗅觉最发达的，拥有 2.2 亿个嗅觉细胞，远远超过人类的 500 万个。狗不但可以分辨各种气味，还能轻易识别浓度极低的味道，从混杂在一起的气味中找到自己所要寻找的目标。所以，人们会训练狗从事救生、追踪、缉毒等工作，利用狗的嗅觉天赋来解决问题。"卢斯自豪地说道。

对卢斯的话，杰百利半信半疑。于是卢斯很快露了一手，它答应帮皮克寻找失踪的袜子。隔着一千米远，卢斯就闻到了袜子的气味，一路找去，竟然在杰百利家的沙发底下发现了臭袜子。这么臭的东西杰百利都没发现，看来它的嗅觉确实不怎么样。

★ 也许你的手指头不够用——你知道 2000 里有几个 100 吗?

★★ 你能算出多少个 1000 是 20000 吗?

**难点儿的你会吗?**

狗拥有 2.2 亿个嗅觉细胞,猪比它少了 1000 万个嗅觉细胞,猪拥有多少个嗅觉细胞?

答案:有 20 个 100;20 个 1000;猪拥有 2.1 亿个嗅觉细胞。

11

# 会动的向日葵

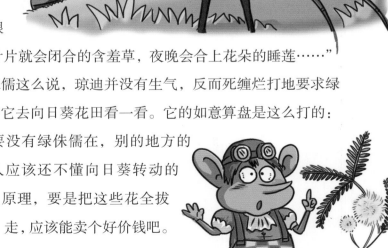

"我带来了一种神奇的植物，它可以吸收太阳的能量。谁拥有它，谁就拥有了魔力……"琼迪在地下城兜售它的向日葵，并向居民们展示向日葵是如何跟着太阳转动来"吸收魔力"的。而绿侏儒却给大家泼了一盆冷水。

"向日葵的大花盘可以随太阳运动而转动，这是典型的向光性运动。由于受到光照，花盘早上弯向东方，中午直立，下午再跟着太阳向西弯曲。其实，会动的植物还有很多，比如碰到叶片就会闭合的含羞草，夜晚会合上花朵的睡莲……"

听绿侏儒这么说，琼迪并没有生气，反而死缠烂打地要求绿侏儒带它去向日葵花田看一看。它的如意算盘是这么打的：只要没有绿侏儒在，别的地方的人应该还不懂向日葵转动的原理，要是把这些花全拔走，应该能卖个好价钱吧。

12

★如果1个向日葵花盘直径有30厘米，两个向日葵花盘直径相加有多少厘米？

★★向日葵花盘直径有30厘米，要是换算成分米，你知道它是多少分米吗？

★★★你的向日葵有3米高，如果用厘米表示它的高，你知道怎样换算吗？

**难点儿的你会吗**？

你有15棵3米高的向日葵，6棵2米高的向日葵，你知道它们一共有多少厘米高吗？

答案：60厘米；答3分米；把米转换成厘米，向日葵高300厘米；5700厘米。

13

# 新家成员猪笼草

除了向日葵，琼迪还售卖一种奇怪的植物。它长得像一个大肚子花瓶，顶端还有一片造型优美的叶片。杰百利被它深深地吸引住了。

"这是热带食虫植物猪笼草，它长得像瓶子一样，'瓶口'内侧可以分泌又香又甜的汁液，引诱虫子爬进去。然后'瓶口'的叶片会关上，瓶口边缘向内卷曲，小虫掉进去就再也出不来了，只能被瓶里的消化液分解成一摊肉汤！"皮克提醒越凑越近的杰百利。可它不知道的是，杰百利完全被猪笼草瓶里香甜的汁液给迷住了。它可没听见皮克的劝告，而是伸出脖子，贪婪地喝了起来。没想到重心不稳，一头栽进了猪笼草里。要不是皮克出手相助，杰百利恐怕就要倒大霉了。

★假如你也有这样的古怪植物，而且一共有 3 棵，每棵高 50 厘米，你知道它们一共高多少厘米吗？

★★如果你家的老猫嗅觉是 30 米，它离这棵植物有 45 米，还要走多少米，能闻到它的气味？

**难点儿的你会吗？**

要是你的朋友来看这棵植物，他走 10 步大约走 5 米，想要到达这棵植物还需要走 60 米，他一共要走多少步？

答案：150 厘米；还要走 15 米；一共要走 120 步。

# 瞄准射击

|||||||||||||||||||||||||||||||||||||||||||||||||||||||||||||||||||||||

琼迪的猪笼草闯祸不断，这天，它又把来看热闹的鼠妇大婶儿给吞了进去。"这可不好！"皮克想要上前救人，又怕靠近猪笼草。怎么办呢？有了！皮克找来了水枪瞄准猪笼草射击。可它的枪法实在不好。每一枪都脱靶了。看着猪笼草带着鼠妇大婶儿越蹦越远，皮克急坏了。

"你这样是打不中的。"琼迪夺过水枪，"射击是一门学问，要用准星瞄准目标。准星偏差 1 毫米，射击点就会偏差几十厘米甚至更远。射出去的弹道是抛物线，因此距离越远，准星应该瞄向目标越高的位置。如果遇到强风，还需要根据风速和风向来修正准星。"话音未落，琼迪的水枪就不偏不倚地击中了猪笼草，救出了鼠妇大婶儿。

"当一个神枪手真是太酷了！"皮克和杰百利也决定按琼迪的教导苦练枪法。只不过，它们第一枪就打掉了菲幽爷爷的假牙。这下菲幽爷爷可不会善罢甘休了。

★ 如果你射击的时候准星偏差 1 毫米，位置会偏差 32 厘米，要是偏差了 2 毫米，位置一共偏差多少厘米呢？

★★ 如果准星偏差 1 毫米，位置会偏差 32 厘米，假如你的准星在瞄准时偏差了 4 毫米，而你的哥哥认为你偏差了 156 厘米，他多说了多少厘米？

**难点儿的你会吗？**

如果准星偏差 1 毫米，位置就会偏差 32 厘米，要是你在射击时发现位置偏差了 128 厘米，你要让准星挪回几毫米，才能打中？

答案：64 厘米；多说了 28 厘米；4 毫米。

# 神奇的洗浴

不爱洗澡的鼹鼠皮皮实在无法理解为什么地下城的动物们那么喜欢在咕咕小姐的澡堂里泡澡。

"难道你们就不怕被水淹死吗？"皮皮一脸忧虑地看着大家。

"你想多了，泡澡对身体有百利而无一害。"皮克告诉皮皮，"早在公元前，人类就学会了在水里放加热的石头进行热水浴。罗马人的许多日常生活都是在公共浴室里进行的，埃及女王用死海的泥和牛奶洗浴，韩国人不但用香料，还用淘米水和绿豆洗澡。

泡澡不仅可以去除污垢，还能放松身体并增强免疫力呢。"说完，皮克和杰百利不顾皮皮的反对，强行把它也扔进了水里，好好体验一下泡澡的快乐。

"啊，泡澡确实很舒服。"皮皮眉开眼笑，不过没过两分钟它又忧虑起来，"但是谁来付我的洗浴费呢？"

★假如你的卧室宽 3 米，厨房宽 6 米，你知道它们一共有多少分米吗？

★★从你的卧室到餐厅，需要走一个 60 分米，还有一个 120 分米，而到浴室要走 500 厘米，还有一个 1350 厘米，你到浴室近，还是餐厅近？

**难点儿的你会吗？**

你在 200 米的跑道上跑 5 圈是 1000 米，而走 20 步，只能走 10 米，这样的话 1000 米你要走多少步？

答案：90 分米；到餐厅近；要走 2000 步。

# 两只鼻孔

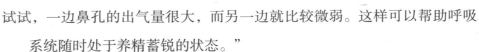

　　杰百利在照镜子时突发感慨："为什么要长两个鼻孔呢？我不是这边堵住就是那边鼻塞，两个鼻孔轮流闹事，让我一天都不得安宁。"它的话让皮克捧腹大笑："你就没有想过，要是你只有一个鼻孔的话，万一感冒鼻塞，你用什么来呼吸呢？"

　　小精灵在一边说道："两个鼻孔的设计是很重要的。其实，并不是两个鼻孔都同时工作，它们轮番休息，每隔2~7个小时就会换班。不信你可以试试，一边鼻孔的出气量很大，而另一边就比较微弱。这样可以帮助呼吸系统随时处于养精蓄锐的状态。"

　　"真的吗？"好奇心重的杰百利要求小精灵把自己变小，钻到皮克的鼻孔里一探究竟。只是它的运气实在太差了，刚进入鼻腔就发现一条"白色巨龙"朝自己扑来。原来皮克感冒了，那条"白色巨龙"是皮克的鼻涕。这下杰百利可得好好洗个澡了。

20

★假如你的左鼻孔每天工作 13 小时，右鼻孔每天工作 11 个小时，左鼻孔比右鼻孔多工作几个小时？

★★你的鼻子一天 24 个小时都在工作，你知道 7 天一共工作了多少小时吗？

**难点儿的你会吗？**

你的两个鼻孔每隔 4 小时就轮番休息一会，在 24 个小时里，它们一共换了几次班？

答案：2 个小时；168 个小时；换了 6 次班。

# 屁为什么是臭的？

鼹鼠皮皮虽然养成了洗澡的好习惯，但身上总还是臭臭的。最后还是皮克找到了原因："臭是因为你老放屁。消化器官内的细菌会分解我们吃下去的食物。然后产生气体，也就是屁。吃得越快，产生的气体越多。每产生 0.5 升的气体，就会以放屁的方式排出一部分。而屁中含有甲烷、硫等 400多种气体，所以闻起来才让人难以忍受。要想少放屁，就要吃东西慢一点儿。"

"憋着不行吗？"皮皮问。"屁中含有致癌物质，长时间憋着对身体有害。不过，你到底吃了什么这么臭呢？"皮克经过一番调查，才发现是因为皮皮吃了太多的豆子。

"我来帮你解决这个问题！"杰百利自告奋勇，它把皮皮家的豆子全搬到了自己家，每天大吃特吃。终于有一天，吃豆子过多的杰百利被自己的屁给崩出了屋顶。

★假如你每天排出 200 毫升的气体，你知道是多少升吗？

★★你 10 天产生了 23 个 0.5 升的气体，每产生 0.5 升，会排出 200 毫升，你能算出一共会排出多少升气体吗？

**难点儿的你会吗**？

如果每产生 0.5 升气体，会排出 200 毫升，这一个月下来，你的肚子里一共产生 60 个 0.5 升的气体，而你的好朋友排出了 6000 毫升的气体，你比他多排出多少毫升的气体？

答案：0.2 升，4.6 升气体，多排出 6000 毫升的气体。

# 声音是怎么产生的

杰百利做了一个噩梦。在梦中，它听不到任何声音，世界一片死寂。醒来后，它迫不及待地把这个梦告诉了绿侏儒和皮克。

"实际上，我在真空城堡里就听不到任何声音。"绿侏儒告诉杰百利，"听到声音需要物体振动并在空气中传播随后进入耳朵。在真空中无法传播振动，自然听不到声音。爱尔兰科学家波义耳就做过这样的实验：把闹钟悬吊在抽尽空气的玻璃瓶中。当闹钟振动时，半点儿声音也听不到。"为了证明自己的话，绿侏儒带它们来到自己的真空城堡，发现绿巨人正在这里练歌。原来绿巨人为了不让自己的男高音打扰到地下城居民，特意向绿侏儒借了真空城堡来排练。

"绿巨人还真是有公德心。不过，要是它的正式演唱会也在真空城堡里开就好了。"杰百利偷偷想，但它可不敢把心里话说出来。

24

★ 人类的极限是听到 20 赫兹到 20000 赫兹的声音，如果这个声音是 2000 个 20 赫兹，你还能听到吗？

★★ 你的外婆只能听到 600 赫兹以上的声音，而你的音箱传出了 13 赫兹的声音，你还要调多少赫兹，你的外婆才能听到？

**难点儿的你会吗？**

假如蝙蝠能听到 25000 赫兹的声音，你只能听到 18000 赫兹的声音，它的耳朵比你多听了多少赫兹？

答案：听不到；调高 587 赫兹；多听了 7000 赫兹。

25

# 耳朵听声音

　　绿侏儒请绿巨人、皮克和杰百利帮忙摘果子。"你们身材小巧，上树摘果子的活儿就靠你们了。"绿巨人给它俩安排起了活儿。这让皮克和杰百利很不爽："凭什么我们辛辛苦苦在树上忙碌，他就可以在地面上袖手旁观？""对，而且他还可以偷吃。实在太不公平了！"两人正窃窃私语，地面传来了绿巨人的怒吼："胡说，我才没有！"这么小声的耳语，他是怎么听到的呢？皮克想了想说道："耳朵分为外耳、中耳和内耳三个部分，其中处于内耳的鼓膜可以通过振动来放大外界的声波。一般人可以听到20赫兹到20000赫兹的声音，也有少数人能听到20赫兹以下或20000赫兹以上的声音。看来绿巨人就属于这种少数人。"两人不敢再偷偷说绿巨人的坏话，手忙脚乱地摘起了果子。它们生怕激怒了绿巨人，那可能就得一辈子躲在树上啦。

★假如你的汽车能发出 2450 赫兹的声音，摩托车能发出 2512 赫兹的声音，摩托车比汽车多发出多少赫兹的声音？

★★你的收音机放出 50 赫兹的声音，电视机放出 160 赫兹的声音，手机铃声是 80 赫兹，它们加起来一共是多少赫兹？

**难点儿的你会吗?**

你和你的好朋友这一天一共听到 8000 赫兹的声音，而蝙蝠 2 天听到的声音是你们 1 天听到的声音的 10 倍，你知道它一天听到多少赫兹的声音吗？

答案：62 赫兹；290 赫兹；听到 40000 赫兹。

# 学习五线谱

　　杰百利请菲幽爷爷教它音乐，菲幽爷爷决定先从五线谱教起。这对杰百利来说难度也太大了。要知道五线谱起源于希腊，最开始是一线谱，用A、B、C等字母来表示发音的长短高低。11世纪时变成了四根线，直到17世纪才演变成五线谱。除了常用的3种谱号外，还有5种变音记号、各种升降调号、临时记号，还有等音、连谱号、花括线和直括线。简直把杰百利搞得头昏脑涨，每到晚上睡觉时，它就会梦到五线谱变成密密麻麻的蜘蛛网，紧紧缠住自己透不过气来。好在功夫不负苦心人，杰百利终于学会了识谱，开始练习唱歌了。

只不过，它练习了一周之后，菲幽爷爷就向杰百利提出了一个请求："在唱歌这方面，你可千万不要跟别人说我是你的老师。"

★你掌握了 3 种谱号，5 种变音记号，它们一共是多少种？

★★假如你的声乐老师与你家相距 3 千米，你第 1 个十分钟走了 200 米，第 2 个十分钟比第 1 个十分钟多走了 100 米，你还有多少米没有走？

**难点儿的你会吗**？

假如你学会了 6 首乐曲，你的好朋友学会了 9 首乐曲，而你们的老师比你们会的乐曲总数还多 20 倍，你知道他掌握多少首乐曲吗？

答案：一共是 8 种；还有 2500 米没有走；300 首乐曲。

爱放屁的鼹鼠
皮皮

# 超极限的过山车

"看那儿，那可是超极限过山车，它能在150米高的地方以每小时300千米的速度向下冲刺。每次玩儿我都会失重！"绿侏儒指着过山车说道。它的话引来了杰百利和皮克的嘲笑："什么超极限过山车，我们可什么都不怕。"看来，它俩只顾吹牛，完全不知道为什么坐过山车会产生失重的感觉。根据牛顿第一定律原理，乘客随过山车运动时，身体也会在惯性的作用下保持原来的运动方向。

当过山车向下运动时，座椅给出的支持力会让人产生"有重力"的感觉。当向下运动过快时，身体会暂时脱离座位，无法感受到向上的支持力，人就会感到重力好像不存在一样。向下的速度越快，感觉就越明显。果然，为了向绿侏儒证明自己的勇敢，皮克和杰百利信心满满地登上了过山车，但很快连大鼻涕泡都被吓出来了。

★假如 1 号过山车的轨道有 2409 米，2 号过山车的轨道有 3 千米，你知道哪一个更长？

★★如果你要坐的 1 号过山车在离地面 150 米高的地方，2 号过山车在 290 米高的地方，2 号过山车比 1 号过山车高了多少米？

**难点儿的你会吗**？

假如你乘坐的过山车的时速是 300 千米，过多少分钟，它可以在 5000 米的轨道上跑完 10 圈？

答案：2 号过山车的轨道更长；140 米；10 分钟。

31

# 好大的水下压力

体验过山车之后，被吓得不轻的杰百利成天无精打采。"我们得让它重新振作起来。"皮克和小精灵商量了一番，决定带杰百利去潜水，见识一下神秘美丽的大海。刚一下水，皮克就迫不及待地带着杰百利向海底潜去。可很快它俩就觉得四周的海水像铜墙铁壁一样朝自己挤压过来，让人喘不上来气。"天哪，这比过山车还可怕！"正当杰百利哀叹的时候，却听到了小精灵的喊声："快进来！"小精灵驾驶潜水艇追上了它们，"在几千米深的水下，压力大到可以把钢铁都挤成一团。没有这种特制的抗压潜水艇，你们会没命的！"果然，深海潜水艇顺利地带着大家来到了几千米深的海底。在这里杰百利看到了各种闻所未闻的海洋生物，心情又振奋了起来。

★假如你的潜水艇只能承受 70 米的水压，而那艘海底沉船在水下 6540 厘米的地方，你可以潜下去吗？

★★你的一艘潜水艇能下潜到 70 米，40 艘潜艇合起来的下潜米数，能够到达位于 3000 米深的礁石吗？

**难点儿的你会吗？**

你的水下探测器要潜到 20 万分米的海底裂缝，第一天潜了 5000 米，第二天是第一天的 1/2，它还需要下潜多少米，才能到达海底裂缝？

答案：可以；不能；还需要下潜 12500 米。

33

# 天空上的大翅膀

"要是不靠飞机，只靠翅膀就能在天上飞行就好了。"杰百利看着天上的飞机突发奇想。小精灵告诉它："这是人类自古以来的梦想。希腊神话中有个叫伊卡洛斯的人用羽毛给自己做了一对儿大翅膀，然后用蜡把翅膀粘在背上飞行。可惜因为他离太阳太近，阳光烤焦了翅膀，使他掉下来摔死了。现实生活中，一位飞行员曾背着一套飞行引擎从 2300 米的高空跳下，然后以每小时 300 千米的速度飞行了 9 分钟呢。"听小精灵这么说，杰百利和皮克也央求它做了这么一套飞行服。然而，上天后没多久飞行服就出了故障，两人从空中一头撞向绿侏儒好不容易种出来的巨型南瓜，把南瓜撞得一塌糊涂，这可真是飞来横祸啊。

## 考考你

　★假如你的飞行器每小时可以飞 200 千米，你的伙伴的飞行器可以飞出你的速度的 4 倍，你知道他的飞行器有多快吗？

　★★你的飞行器时速为 300 千米，想要到达 2300 米的高空，你大约最少要飞多少秒钟？

**难点儿的你会吗**？

　你的飞行器飞了 2300 米，你的伙伴的飞行器飞了 5600 米，外星人的飞行器飞了你们飞行高度总和的 6 倍还多 200 米，它飞行了多少千米？

答案：每小时 800 千米；30 秒钟；飞行了 47.6 千米。

# 疯狂的公牛

"你们这些追寻刺激的家伙，我带你们去西班牙斗牛赛见识见识吧。"为被毁的南瓜田心痛的绿侏儒决定教训一下顽皮的皮克和杰百利，"要知道，西班牙斗牛赛有悠久的历史，它起源于古代的宗教活动，后来在18世纪中期演变为表演。斗牛士会被看作英勇无畏的男子汉，备受众人尊敬呢。"听绿侏儒这么说，皮克和杰百利都跃跃欲试。

它们跟着绿侏儒来到一个斗牛场上。很快，几头脾气暴躁的公牛就冲了出来。被追得满场乱跑的皮克和杰百利赶紧爬到公牛背上。

"加油，千万别让它把你们甩下来，否则就输了！"可惜绿侏儒的话还没说完，两个捣蛋鬼就被愤怒的公牛甩飞了出去，一头扎到了牛屎堆上。这让绿侏儒开心不已，它总算为自己的南瓜报了仇。

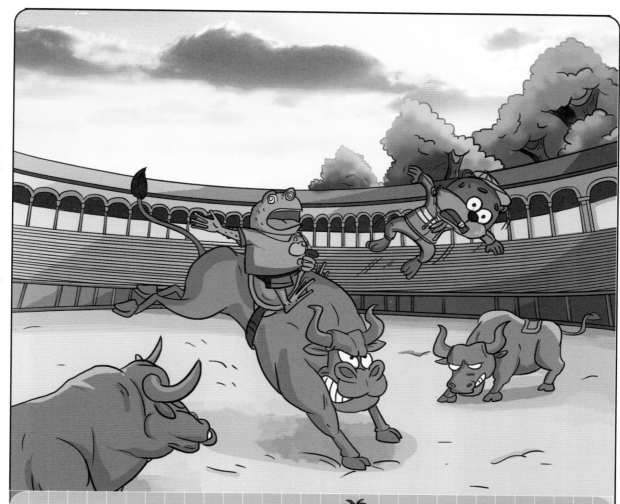

★你知道多少个 8 秒是 4 分钟吗？（提示：1 分 =60 秒）

★★假如你在公牛身上坚持了 1/8 秒钟，而你的伙伴坚持的时间是你的 8 倍，他坚持了多少秒？

**难点儿的你会吗？**

你和斗牛士骑了 10 次牛，你一共坚持了 23 秒钟，斗牛士每次都能坚持 12 秒钟，他比你多坚持了多少分多少秒？

答案：30 个 8 秒；1 秒钟；多坚持 1 分钟 37 秒。

# 挂在风筝上飞行

青蛙咕咕小姐又开了一家露天浴场，那里有泡泡浴、泥浆浴和鱼疗养生浴。在里面待上一天简直是至高无上的享受。杰百利想进去都想疯了，可它和皮克都凑不出洗浴费用。

"怎么办呢？"皮克突发奇想，"我们可以用悬挂滑翔的法子，把自己挂在一只巨大的风筝上。助跑一阵后从悬崖上跳下去。这就可以滑翔进下面的浴场里。"

"这样没危险吗？"杰百利有些担心。

"放心，滑翔飞行依靠的是下降的重力和空气的升力的共同作用，跟着我这样的高手，保证你没事。"不过，"高手"皮克飞行前忘记了观察风向。一阵逆风把它们吹进了鳄鱼家族的泥潭里。这下，杰百利和皮克算是好好洗了一个"泥浆浴"，还享受到了鳄鱼们的"热情欢送"呢。

★如果你有8袋红浴帽,5袋蓝浴帽,每袋都有10个,你一共有多少个浴帽?

★★假如你买了80个兔子浴巾,你的伙伴买了40个兔子浴巾,在总数不变的情况下,怎么才能使你们的浴巾个数同样多?

**难点儿的你会吗?**

你有20个搓澡巾,又买来56个,你的伙伴一共有108个搓澡巾,可是丢失了30个,你们谁的搓澡巾更多一些?

答案: 一共有130个;你给你的伙伴20个,你们就一样多了,他还剩78个,他比你的多。

# 撑竿跳高

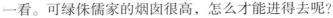

"闻到香味了吗？"杰百利气鼓鼓地向皮克发牢骚。它发现从绿侏儒家传来一股十分香甜的气味，可绿侏儒却把房门紧锁，说什么也不让它们进去。

"从香味来分析，它一定是在做奶油蛋糕。"皮克说道，"看来它并不准备请我们一道分享，而是打算吃独食。"

虽然锁了门，皮克决定从烟囱进去看一看。可绿侏儒家的烟囱很高，怎么才能进得去呢？

"没关系，我们可以试试撑竿跳。"皮克告诉杰百利，"专业的撑竿跳运动员可以跳到6米多高，有两三层楼高，绿侏儒家的烟囱自然不在话下。"两人说干就干，它们争先恐后地找来两根竹竿，一阵助跑，跳向了绿侏儒家的烟囱。

只可惜它们想错了，绿侏儒并没有躲着它们烤蛋糕，而是用了一种奶油蛋糕味的洁厕灵在洗马桶而已。

40

★假如你一次能跳 6 米，而你的宠物袋鼠跳了 18 米，它跳的是你的几倍？

★★假如一个人能跳 6 米，6 个人一共能跳出多少分米？

★★★假如每次跳 6 米，你一共跳了 5 次，而你的好朋友跳了 400 分米，他比你多跳了多少米？

**难点儿的你会吗？**

你们参加一场撑竿跳远接力赛，一个人能跳 6 米，一共有 5 个人，跑道是 100 米，至少有几个人要跳 3 次？

答案：首 3 倍；360 分米；多跳了 10 米；3 个人。

41

# 雪地摩托

"外面有妖怪！"杰百利大喊着从外面跑进来。听说，地下城里来了一个大怪物，它在雪地上横冲直撞，扬起阵阵雪雾，可怕极了。皮克仔细观察了半天，发现这压根儿不是什么怪物，而是驾驶着雪地摩托的菲幽爷爷呀。

"这种雪地摩托是专门为雪上交通设计的，它跟雪橇的原理类似，在机械动力的推动下每小时最快可以达到160千米呢！"杰百利满脸崇拜地看着菲幽爷爷，"想不到它一大把年纪了，还能驾驭难度这么高，这么刺激的运动，真是了不起。"

可实际上，菲幽爷爷是不知道怎么把雪地摩托给停下来，才一圈又一圈地绕着地下城疯狂行驶的。

"加油，老菲幽！"火烈鸟凡奇在一边给心脏病都快吓出来的菲幽打气，"等油烧光了，雪地摩托就停下来了。"

★ 如果你驾驶着雪地摩托去 320 千米外的森林木屋，每小时跑 160 千米，要跑几小时？

★★ 假如你的雪地摩托时速是 160 千米，你伙伴的雪地摩托的时速是你的 1/2，他的雪地摩托时速是多少千米？

**难点儿的你会吗?**

你的雪地摩托的时速是 160 千米，你哥哥的雪地摩托的时速是 320 千米，滑雪场的位置距你们的距离是你们两个人时速总和的 1/2，它离你们有多少千米？

答案：2 小时；80 千米；有 240 千米。

# 难忘的跳水

趁咕咕小姐外出度假的机会，皮克和杰百利终于偷偷溜进了咕咕小姐的新浴场。它们在浴场里大玩儿特玩儿，毕竟这可是难得的免费机会啊。不过很快两个捣蛋鬼便觉得无聊起来。

皮克率先提出建议："我们来玩儿高台跳水怎么样？"

要知道，这项运动可以追溯到两百多年前的夏威夷群岛。岛上的勇士都用从悬崖上跳进水里的方式来表现自己的勇气。后来国际泳联把它列为正式的比赛项目，跳台的极限高度为 28 米，入水的速度可以达到 70 或 100 千米呢。这个建议得到了杰百利的支持。没有跳水台，它俩就爬上高高的旗杆，一遍又一遍地反复朝下跳。只不过，沉醉于在空中跳出各种花样动作的皮克和杰百利都没发现咕咕小姐已经回来了。此刻它心里正默算着这两个家伙的逃票费用呢。

★你知道 10 个 10 米的跳台一共是多少分米吗？

★★假如跳台高 10 米，而你的极限是 980 厘米，你能跳吗？

★★★如果 10 米跳台每一个台阶高 20 厘米，你要迈多少步才能够到达？

**难点儿的你会吗?**

假如你在一个 10 米高的跳台上跳水，你今天累计跳了 260 米，你能算出自己一共跳了多少次吗？

答案：1000 分米；不能；要迈 50 步；跳了 26 次。

# 让人崩溃的蹦极

为了让胆小鬼们拔牙，鼠妇大婶儿想到了一个好主意——蹦极拔牙。既体验了刺激的游乐项目，又拔掉了病牙，真是一举两得。听到这个消息，牙疼了好几天的杰百利也慕名而来："请问，到底是怎么拔呢？"鼠妇大婶儿告诉它："只要把有弹性的蹦极绳索绑在身上，然后再用一根细线的一头绑住病牙，另一头绑在桥上。再往下一跳，在快速下坠的过程中细绳就会把病牙拔掉。然后借助蹦极绳索的弹力，人又会被拉回来。在整个过程中感受到的刺激体验可以让人完全忘掉拔牙的痛苦。"听鼠妇大婶儿这么说，杰百利也兴奋地用细绳绑住牙齿，朝桥下跳去。可到了半空中杰百利才想起来，因为刚才过于激动，它把细绳绑在了旁边健康的牙齿上，现在那颗好牙齿早已不知去向啦。

46

★如果蹦极的绳子垂下去，离水面有 160 厘米，你的身高有 140 厘米，你要是跳下去，还差多少厘米就碰到水面了？

★★假如蹦极的绳子一共有 50 米长，而你的身高有 140 厘米，此时你们离跳下来的桥面有多少厘米？

**难点儿的你会吗**？

如果你蹦极的桥面离水面有 100 米高，你的蹦极绳最开始有 50 米长，又加长了 200 分米，此时你跳下去，绳子离水面有多少米？

答案：还差 20 厘米；51.4 米；距离水面 30 米。

47

# 黄色的校车

琼迪在地下城四处挖掘宝藏，它一铲子下去，发现了一片黄澄澄的东西。

"难道是金子吗？"琼迪大喜过望，赶紧撸起袖子挖起来。也不知用了多长时间，一个庞然大物出现在琼迪面前。

"天哪，这是个什么玩意儿？"当琼迪把它清理干净之后，才发现是一辆校车。这让琼迪沮丧不已，"好好一辆车，为什么要涂成黄颜色呢？害得我误以为是金子。"

"这里面可大有讲究。"鼹鼠家族的族长拍了拍琼迪的肩膀，"所有颜色里面，明度最高的就是黄颜色，在路上一眼就可以识别出来。把校车涂成黄色，有助于减少交通事故发生，保障孩子们的安全。正好我家的孩子们缺一辆校车，不如把它给我们吧。"鼹鼠们用一大包蚯蚓干向琼迪换走了校车，这让它觉得自己的辛苦总算没有全白费。

★一辆校车重 13000 千克，你知道是多少吨吗？（提示：1000 千克 =1 吨）

★★如果一辆校车可以载 40 名学生，5 辆校车可以载多少名学生？

★★★假如你有 4 辆 5000 千克重的小汽车，又有 2 辆 13000 千克重的校车，它们一共重多少千克？

**难点儿的你会吗**？

如果 1 辆校车的重量是小汽车的 10 倍，100 辆小汽车的重量能超过 10 辆校车的重量吗？

答案：13 吨；200 名学生；46000 千克；不能，它们的重量相等。

# 奶酪追赶赛

蓝章鱼听说英格兰的许多小镇都有"滚奶酪节"，也就是从一个高高的山坡上把奶酪推下来。人们争先恐后地追赶着一路翻滚的奶酪。谁先得到它，谁就可以把它抱回家。

蓝章鱼突发奇想："我何不在地下城也举办这个节日呢？"可惜一番宣传之后，只有琼迪前来参赛。它参赛的原因是，因为它怀疑蓝章鱼在奶酪里藏了什么宝贝。要不，人们怎么会为了一块破奶酪没命地奔跑呢？

比赛一开始，琼迪就跟着奶酪往山下跑去。它一路连滚带爬，摔得鼻青脸肿，终于找到奶酪的踪影，却发现杰百利和皮克正吃得起劲呢。

"好啊，不劳而获的家伙，把里面的宝贝还我！"琼迪大叫道。

"是这个吗？"杰百利从奶酪里掏出一只干瘪的跳蚤问道。

琼迪大失所望："看来，我又被蓝章鱼给骗了！"

50

★在滚奶酪大赛中，你的奶酪一圈能滚8米，离终点有240米，你要滚多少圈才能到终点？

★★假如你的奶酪一圈能滚10米，10个奶酪滚10圈，一共滚了多少米？

★★★你已经滚了200个奶酪，还有300个没滚，你一共要滚多少个奶酪？

**难点儿的你会吗？**

如果你的大奶酪一圈能滚10米，小奶酪8圈滚了24米，大奶酪比小奶酪一圈多滚了多少米？

答案：30圈；一共滚了1000米；一共要滚500个；多滚了7米。

51

# 海狮绝技

蓝章鱼邀请琼迪来看它的新宠物海狮表演顶球。

看着海狮娴熟的顶球技巧，琼迪大为赞叹："它真是个天才！"

蓝章鱼说："这可离不开我的驯化。要想教会海狮顶球，就必须要反复纠正它错误的动作。而当它做出你想要的动作时，就得提供食物作为奖励，这样才能让它把学到的动作长时间保持下来。不过，海狮确实是一种非常聪明的动物。因此很适合接受驯兽师的训练。除了顶球，它们还是潜水高手，人们常训练它来完成一些高难度的潜水任务呢。"

蓝章鱼的话提醒了琼迪。要是也训练这样一只海狮，不就可以让它潜入深海帮自己找到水中的宝石吗？说干就干，只不过琼迪训练出的海狮除了喜欢朝它吐水之外，似乎再也学不会别的东西了。

52

★一颗蓝宝石价值 50 元，红宝石价值 130 元，它们一共价值多少元？

★★假如你有蓝、红宝石共 600 颗，其中红宝石有 200 颗，你知道蓝宝石比红宝石多多少颗吗？

★★★如果有一本 90 页的宝石鉴赏图，看了 70 页，还有多少页没有看完？

**难点儿的你会吗?**

你有一本 90 页的宝石鉴赏图，你的好朋友有 3 本 120 页的宝石鉴赏图，他的宝石鉴赏图的页数是你的几倍？

答案：180 元；多 200 颗；还有 20 页；是你的 4 倍。

# 了不起的厨师

绿侏儒好心请杰百利和皮克吃饭，没想到杰百利却说起了大话："当厨师没什么技术含量。不过是把一堆食材洗一洗，切一切，然后该煮的煮，该炒的炒。实在是简单极了。"这把绿侏儒气得够呛，它决定让杰百利尝尝说大话的苦头。

"你真是百年难得一见的天才厨师，不如来我的餐厅当厨师长吧。"绿侏儒的恭维话让杰百利冲昏了头脑，它拉着皮克就走马上任了。不过真正进了厨房，杰百利才知道厨师的工作有多么的不容易。它得同时对付汉堡、煎蛋、烤肠和薄饼，稍不注意就会烤焦或煮煳食物，而挑剔的客人们又不停地催促和抱怨。尤其是蜘蛛小杰，它大声咆哮，声称杰百利做的麻婆豆腐硌掉了它的牙。这一切都让杰百利手忙脚乱。后悔不迭的它情愿倒给绿侏儒一笔钱，让绿侏儒重回厨房来掌控一切。

★ 如果你一天能够做 150 个汉堡，你的伙伴两天做煎蛋的总和比你一天做汉堡的数量多 30 个，他平均每天做了多少个煎蛋？

★★ 假如你一口气吃掉 4 根烤肠，你的宠物狗吃了你的 2 倍还多 3 根，它吃了多少根？

**难点儿的你会吗**？

你在一个薄饼里加 1 根烤肠、2 个煎蛋，20 个薄饼里加的烤肠和煎蛋的总数是多少？

答案：它的每天做 90 个；它吃了 11 根；甚 60。

# 百塔积木

蜘蛛小杰为硌掉牙齿的事缠上了杰百利。它声称，只要遇到杰百利，就用自己的蛛网把杰百利给捆起来倒吊一周。吓得不敢出门的杰百利请皮克当自己的保镖。

"可我也不敢招惹小杰啊……对了，为你介绍一位积木机器人保镖。"皮克决定用百搭积木拼装一个巨型机器人来吓跑小杰。

这让杰百利将信将疑："积木搭的机器人能管用吗？"皮克告诉它："百搭积木通过简单的凹槽和凸点设计，可以用简单的几何形状搭出千变万化的造型。只要发挥创造力，就可以组成机器人的骨架，内部再放上动力装置就可以了。"不过，看来它俩的创造力实在有限，最后搭出的机器人简直是一个东拼西凑的怪物，虽然吓跑了小杰，但是也根本不听杰百利的指挥。这下，杰百利连自己家都回不去了。

★ 如果你有 90 块积木，丢了 16 块，又找回 8 块，还剩多少块积木？

★★ 假如你一共有 680 块积木，400 块是用来搭机器人的，还剩多少块搭建自由市场？

**难点儿的你会吗？**

你新买的多多岛托马斯积木一共是 230 块，而你的伙伴的积木数量是你的 5 倍少 10 块，他有多少块积木？

答案：还剩积木 82 块；280 块；他有 1140 块积木。

# 天气预报员

只有打倒积木机器人才能回家，这让杰百利一筹莫展。皮克给它出主意："它个头儿那么大，也许一阵狂风就能把它吹倒。或者一场暴雨也能让它的内部电路短路。那时你就可以回家了。"这句话给了杰百利希望，可什么时候才有狂风暴雨呢？听说披旦善于观察天气，于是杰百利付费请它当天气预报员。披旦每天站在高山之巅研究风向和云层，它发出了一次又一次的大风和雷雨预警，可从来没有实现过。

最后，披旦预测接下来一周都是艳阳高照，这让杰百利彻底绝望了。可很快地下城就刮起了前所未有的大风。

当杰百利赶回家的时候，发现机器人已经被大风吹倒，零件散落一地。原来，披旦的天气预报完全是反着来的啊。

★ 如果每天你播报 8 次天气预报，有 4 次报错了，你一共报对了几次？

★★ 假如这一年里，你一共播报了 400 次午间天气预报，700 次晚间天气预报，你的伙伴本来要播报 2000 次午间天气预报和晚间天气预报，可是他少播了 1000 次，你能算出谁完成的任务多吗？

**难点儿的你会吗?**

你和你的同学一共 70 人去参观天文馆，一辆车只准载 40 名乘客，如果乘坐 2 辆车去，会空出多少个座位？

答案：报对了 4 次，你播报了 1100 次，你比你伙伴报的次多，会空出 10 个座位。

# 蛤蟆炮弹

　　杰百利最近对魔术产生了兴趣："炮弹魔术师太神奇了。大炮竟然可以把魔术师发射出去，而且还毫发无损。"

　　皮克告诉它："这种炮是一种空气压缩炮，通过压缩空气产生的力量把炮膛中的人推出去。只要事先调整好压缩空气所带来的压力，就可以在不对人体造成伤害的前提下进行发射。"

　　杰百利不相信看不见摸不着的空气竟然有如此巨大的威力。它自告奋勇充当炮弹，缠着皮克表演一下炮弹活人魔术。没想到皮克错误地估计了压缩空气的威力，杰百利以时速160千米的速度飞上了天。

　　"完蛋了，我没考虑怎么降落的问题！"吓得魂飞魄散的杰百利在掉进烂泥塘之前就晕了过去。

★ 如果你的炮弹每小时能飞 160 千米，你的伙伴的炮弹速度比你每小时少 20 千米，他的炮弹每小时能跑多少米？

★★ 假如你的炮弹每小时飞 120 千米，你要去 40 千米外的一个地方度假，在多少分时，你就必须得停下来了？

**难点儿的你会吗**？

你的炮弹每小时能飞 120 千米，飞了 9 小时 40 分钟，它一共飞了多少千米？

答案：140000 米，20 分钟，一共跑了 1160 千米。

# 好运吉祥物

杰百利跟着菲幽爷爷进城见世面，却意外地收到了一位西装革履的男士邀请："本城正在举办运动会，看你长得圆滚滚胖乎乎的，不如来扮演我们的吉祥物吧。"

"什么是吉祥物？"杰百利一头雾水。菲幽爷爷告诉它，"吉祥物是能给人们带来幸运和欢乐的某种形象，一般是当地特产的动物或特有文化。最著名的就是奥运会吉祥物了，它始于1972年的慕尼黑运动会。"

"这真是我的荣幸。"杰百利接受了邀请，在大夏天里穿上各种吉祥物的套装卖力表演。

运动会结束后，回家路上的杰百利和菲幽爷爷被海盗鼠拦了下来："听说你扮吉祥物挣了不少钱，全交出来！"杰百利这才知道自己又上当了。它辛苦工作的报酬只不过是一袋蚯蚓干儿而已。

★假如你有 800 个金币，买照相机需要 500 个金币，买电脑需要 900 个金币，你要是买了照相机，再买电脑会差多少个金币？

★★你要买的照相机和电脑一共需要 1400 个金币，而你只有 800 个金币，你每天打工会得到 60 个金币，你要工作多少天才能够买这两样东西？

**难点儿的你会吗**？

你买 10 台电脑的金币，可以买 15 张写字桌，每张桌子 400 个金币，你知道买电脑一共花了多少个金币吗？

答案：600 个金币；工作 10 天；6000 个金币。

# 专业遛狗

为了把被海盗鼠抢走的损失弥补回来，杰百利在地下城开展了代遛狗的业务。只要把自家宠物狗交给它，它就能帮忙照顾。听说这个消息后，大家纷纷把宠物狗送到杰百利家。

"哼哼，这下我可要发财啦！"杰百利做起了白日梦，但很快它就发现，照顾这么多狗是一件十分辛苦的工作。吃喝拉撒每一件事都十分麻烦。更别提还要带它们同时出去遛弯儿了。最糟糕的是，这些宠物狗的食量大得惊人，很快就吃光了杰百利家的狗粮。

"糟了，除去遛狗费用，我还得倒贴钱买东西给它们吃。"生气的杰百利一咬牙，干脆把所有的狗都扔到了郊外，"别再来烦我了。"但它没想到的是，狗儿们依靠灵敏的嗅觉又找了回来。杰百利被它们追得满街乱跑。看来，不被吃得倾家荡产是无法摆脱它们了。

★你的狗狗前天吃了 200 克的狗粮，昨天吃了 1000 克，前天比昨天少吃多少克？

★★要是你只有 60 元，但必须买上 1 个月需要的 256 元的狗粮，你还差多少钱？

**难点儿的你会吗?**

如果你组织了一场狗狗选美大赛，美丽组有 30 条，健美组有 70 条，你能在总数不变的情况下，让它们的条数一般多吗？

答案：少吃 800 克；196 元；健美组给美丽组 20 条。

# 绿宝石眼睛

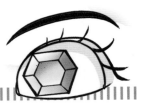

一心发财的琼迪告诉了杰百利和皮克一个秘密：它发现了一座神秘的小镇，每到晚上，小镇上遍地都闪烁着绿宝石的光芒。只不过，这些绿宝石似乎总是不停地移动。

"咱们一起去，一定能把所有的绿宝石都弄到手。"在琼迪的邀请下，杰百利和皮克参与了寻宝之旅。果然，到了夜里，亮闪闪的绿宝石出现在杰百利面前。

杰百利蹑手蹑脚摸上去："咦，凑近看这些宝石怎么中间都有道条纹呢？"这句话提醒了皮克，它惊呼起来："天哪，这不是绿宝石，而是猫的瞳孔。猫咪的眼睛晚上会发光。这是因为它们的瞳孔深处有一层薄膜，可以把收集到的微弱光线反射出去，所以在黑夜中也显得特别亮。"刚说完，猫咪就朝它们张开了满是尖牙的大嘴。吓得琼迪、杰百利和皮克没命逃窜。这些"绿宝石"可惹不起啊。

**考考你**

★假如你的宠物狗有 60 千克重，骨头重 10 千克，它身上有多少千克的肉？

★★如果 1 匹马重 200 千克，1 匹狼重 60 千克，狼比马轻多少千克？

★★★如果 1 匹狼有 60 千克重，重量是猫的 3 倍，你知道一只猫有多少千克吗？

**难点儿的你会吗?**

假如 3 只猫的重量是 1 匹狼的重量，4 匹狼的重量是 1 头牛的重量，猫有 20 千克重，牛的重量是它的多少倍？

答案：50 千克，140 千克，有 20 千克；牛的重量是猫的 12 倍。

# 怪鸟进宅

|||||||||||||||||||||||||||||||||||||||||||||||||||||||||||||||||||||||||||||||||||||

　　好不容易从猫小镇逃回家，第二天，另一位不速之客就闯进了杰百利家里。它长着圆盘一样的大脸和铜铃般的眼睛，看上去奇怪极了："哼哼，昨天晚上你和你的伙伴们是想在猫小镇干什么坏事吧？我全看见了！"杰百利吞吞吐吐地解释道："我们没有……再说当时天很黑，你怎么可能看得见？"怪鸟得意地大笑起来："我是白天睡觉，晚上活动的猫头鹰。我眼睛上的视网膜有丰富的柱状细胞，可以敏锐地捕捉到黑夜中最微弱的光线。夜晚对我来说就像白昼一样。"猫头鹰接着警告杰百利，"如果你干什么坏事一定逃不过我的眼睛的，我会在地下城到处传播对你不利的流言。"吓得杰百利把它的风干鼠肉都拿了出来，才打发走了猫头鹰先生。

★你觉得这个有趣吗——1只青蛙1张嘴，2只眼睛4条腿，8只青蛙有多少条腿？

★★一只猫头鹰有2条腿，17只猫头鹰有多少条腿？

★★★假如你的宠物猫头鹰一天能捉5只老鼠，捉30只老鼠需要多少天？

**难点儿的你会吗**？

你的宠物猫头鹰在3月份捉了235只老鼠，4月份捉了258只老鼠，5月份是3、4月份的总和少8只，你知道5月它一共捉了多少只老鼠吗？

答案：32条腿；34条腿；6天；捉了485只老鼠。

# 长脸和圆脸

杰百利一有机会就喜欢嘲笑绿侏儒的脸："你的脸越来越圆，该减肥了。"这让绿侏儒气不打一处来："你真无知，我的圆脸跟减不减肥可没关系。让我的朋友跟你讲讲关于脸的知识吧。"

绿侏儒先带杰百利去拜访马老兄。马老兄拍着自己的长脸说道："我们食草动物为了更好地磨碎草料，需要更多的臼齿。为了容纳这一排臼齿，脸会变得很长。而住在我旁边的公猫先生却是圆脸……"

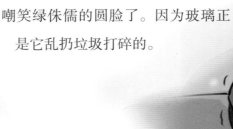

"对，因为我是肉食动物。"公猫先生搭腔道，"肉食动物没有磨碎食物的臼齿，就得有一副结实的下巴来一遍遍咀嚼食物。为了支撑下巴，就需要又宽又结实的颧骨。所以脸是圆的……对了，我正在找打碎我家窗玻璃的捣蛋鬼，你们有看到吗？"听到这里，心虚的杰百利再也顾不得嘲笑绿侏儒的圆脸了。因为玻璃正是它乱扔垃圾打碎的。

★假如你的鞋柜里一共有 50 只鞋子，你知道它们是多少双吗？

★★假如你有 60 只鞋子，而你的好伙伴有 42 双，你们谁的鞋子更多一些？

★★★如果你的皮鞋的数量是布鞋的数量的 5 倍，布鞋有 2 双，皮鞋一共有多少只？

**难点儿的你会吗？**

你发现了一车被偷盗的宠物，一共看到了 500 只脚，猫有 82 只，你知道有多少只鹦鹉吗？（提示：鹦鹉 2 只脚）

答案：25 双鞋子；你的好伙伴多；20 只皮鞋；86 只鹦鹉。

# 大象的长鼻子

　　杰百利一直为自己的个头儿自卑，它突发奇想，要是做一个大象头套戴上，一定可以让自己看上去更威风。说干就干，花了两天时间，杰百利的大象头套就完工了。它要做的第一件事就是戴上头套去吓唬皮克。

　　"我可不怕你，因为实在是太不像了。你这是长脖子、短鼻子，可大象是短脖子、长鼻子。因为它们有磨盘一样大的臼齿和重达100千克的长牙，因此大象的头也近1吨重，只有短脖子才能承受这样的重量。但脖子太短，导致喝水和吃草时够不到，所以大象才进化出了长鼻子来帮忙吃东西。"杰百利捂住耳朵跑开了："反正差不多，让我去吓唬其他人吧。"可刚走到半路，一头大象就用鼻子滋水把这个冒牌货喷了个四脚朝天。

74

**考考你**

★一头大象的牙齿重 300 千克，鼻子重 100 千克，肚子重 600 千克，你能算出这几样器官一共重多少千克吗？

★★一头大象有 2 颗重达 100 千克的牙齿，10 头大象这样的牙齿一共有多少千克？

**难点儿的你会吗**？

假如你的宠物大象一条腿大约重 525 千克，一条尾巴大约重 183 千克，它们加起来的重量大约是多少千克？

答案：1000 千克；2000 千克；大约 708 千克重。

爱放屁的鼹鼠
皮皮

# 鸵鸟的脚

"因为我跑得太快，把鞋弄丢了，你们能帮我找回来吗？"鸵鸟高森向杰百利和皮克求助。"鸵鸟的奔跑速度可以达到每小时 72 千米，跑丢鞋确实也很正常。"皮克摸摸头，答应了鸵鸟的请求。

可每当它们找回来一双鞋，高森就失望地摇头："这不是我的。"看来，不能这样瞎找下去。皮克仔细观察了一下，发现高森的脚与众不同，只有 2 根脚趾。这是因为它的个子太大，翅膀又短，失去了飞行的能力，所以只能在地面快速奔跑。为了提升速度，多余的脚趾都逐渐退化消失了。

"这下我知道你的鞋该是什么样子了。"按皮克的推测，它们终于找到了鸵鸟先生的大皮鞋，只不过，菲幽爷爷已经把其中一只大皮鞋改造成了自己的度假小别墅了。

★你的宠物鸵鸟高 120 厘米，而你高 150 厘米，你比它高出多少厘米？

★★假如你有一只宠物鸵鸟，它的一根脚趾长 5 厘米，10 根这样的脚趾一共长多少分米？

★★★你的宠物鸵鸟上个月下了 55 千克的蛋，这个月下了 58 千克的蛋，两个月它一共下了多少千克的蛋？

**难点儿的你会吗**？

要是你有 316 元钱，买宠物饲料需要花 186 元钱，你能剩下多少钱？

答案：高出 30 厘米；5 分米；下了 113 千克的蛋；剩下 130 元。

# 松鼠的脚趾

杰百利把皮克请到了自己家："这几天我家来了个神秘大盗，它专偷冰箱里的松子，还长着一对铜铃大的眼睛，可惜天太黑了，实在不知道是谁干的。"

皮克沉思片刻："地上的脚印能告诉你答案。从脚印来判断，它有四条腿，前爪有 4 个脚趾，后爪有 5 个脚趾。这样的动物，应该是松鼠。"

"松鼠？它的脚趾为什么长得如此奇怪？"杰百利更糊涂了。皮克告诉它："松鼠在树上生活，前爪要张开抓住树往上爬，而后爪负责用力蹬和弹跳。不同的用途导致前后爪在进化中形成了不同的样子。"

"既然是松鼠，我就不怕了，瞧我把它踢出门去。"杰百利话音未落，一大群松鼠就从天花板的洞里跳了出来，使劲挠杰百利的脸。原来整个松鼠家族都搬了进来，它们吓得杰百利当天就搬了家。

78

★松鼠一共有4条腿，前爪长4根脚趾，后爪长5根脚趾，它一共有多少根脚趾？

★★假如你有4只宠物松鼠，你的好朋友有6只宠物猪，它们的腿加在一起有多少条？

**难点儿的你会吗?**

你的宠物松鼠第一次在树上跳出16米，第二次跳出18米，它的家在60米外的大树上，大约还要跳多少米才能到家？

答案：18根脚趾；40条；还要跳26米。

# 用石膏让脚印清晰

　　"你最近是否总听见房顶有奇怪的声音？那是灾难降临的预兆。不过如果你愿意付报酬给我的话，我能帮你消灾解难。"猫头鹰又找上了杰百利，它的话让杰百利毛骨悚然。但一边的皮克可不这样想："这家伙搞不好是一个骗子，我有办法找到真相。"皮克拉来一袋石膏浆爬到了房顶上："在犯罪现场，即使是肉眼看不清楚的脚印，只要倒上石膏浆，等石膏浆干了成型后，也能把原来的脚印给制成清晰的石膏模型。哪怕是浅浅的爪印或者脚趾印。"果然，它们通过这个办法找到了房顶怪声的真凶——猫头鹰，这全是它诈骗杰百利的花样。看见诡计被戳穿，猫头鹰赶紧在杰百利的咒骂声中逃走了。

★你要是也有幸能当一位占卜师，一共占卜了 513 次，有 125 次对了，错了多少次？

★★假如你很会做石膏模型，做一个能挣 20 元，想要挣 500 元，你得做多少个？

**难点儿的你会吗？**

假如你建了个占卜屋花了 986 元钱，买能量磁石花了 121 元钱，你一共花了多少钱？

答案：一共错了 388 次；需要 25 个；花了 1107 元钱。

81

# 鹭鸶水下捉鱼

去游泳的皮克和杰百利发现鹭鸶小弟西特正在水里捉鱼。它捉鱼的动作就像舞蹈一样优美，每当西特的长嘴巴如闪电般刺向水里后，嘴里里就会多出来一条鱼。

"捉鱼真简单，我们也来吧。"杰百利提议道。可它们忙活了一下午也毫无收获。

菲幽爷爷被逗笑了："你们可不会西特的捉鱼技术啊。你们看，所有喙很长的鸟类，眼睛边沿都有一条线，叫过眼线。它的作用就跟枪的瞄准器一样。而鹭鸶的过眼线更是与众不同，它不是顺着喙的尖端延伸，而是略微朝上。这是因为水下物体位置由于光线的折射作用跟水上看到的不一样。通过这条特殊的过眼线，鹭鸶可以不受光线折射的干扰，准确地捉到猎物。"听菲幽爷爷这么说，杰百利立刻放弃了捉鱼。因为它可没有过眼线啊。

★公园的湖泊能容纳 500 只鹭鸶，公园一共有 712 只鹭鸶，有多少只鹭鸶不能下水？

★★假如灰鹭鸶 3 天能下 2 枚蛋，白鹭鸶是它下蛋数的 4 倍，白鹭鸶 3 天能下多少枚蛋？

**难点儿的你会吗**？

如果你的车载重是 1000 千克，上面装了 400 千克的花鹭鸶，还能装下 600 千克的灰鹭鸶吗？

答案：212 只；8 枚；能。

# "喵——咪"的叫声

猫咪小姐蓝琪的个人演唱会真是成功极了,连杰百利也动了学习歌唱的心。

"你就别做梦了。"绿侏儒给它泼了冷水,"蓝琪小姐那特别的嗓音只有哺乳动物才能发出。哺乳动物因为需要用嘴唇喝奶,因此它们的嘴唇特别发达,可以发出唇音,也就是 ma 、mi、mu、me 这些声音。"

杰百利灵机一动,虽然自己没法儿发出这些声音,但同为哺乳动物的山羊会"咩咩"叫,牛的叫声是"哞哞",

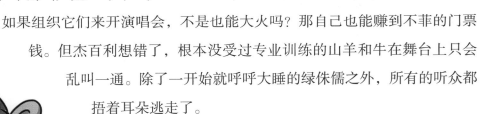

如果组织它们来开演唱会,不是也能大火吗?那自己也能赚到不菲的门票钱。但杰百利想错了,根本没受过专业训练的山羊和牛在舞台上只会乱叫一通。除了一开始就呼呼大睡的绿侏儒之外,所有的听众都捂着耳朵逃走了。

# 老虎的伪装

　　杰百利去森林玩儿，当它逛得腰酸腿疼时，竟意外发现了一张大沙发。"乖乖，橘黄色的配色，柔软的质感，蓬松的毛皮，躺下去就不想起来。这是谁做的好事？在这里放了一张真皮沙发方便路人休息？"杰百利一边在沙发上打滚儿，一边放了两个响屁，心满意足地说道。

　　没想到绿侏儒从后面赶来，一把扯起它就跑："你不要命了？那是一只正在打盹儿的大老虎啊！"绿侏儒告诉它，"森林里许多动物都有自己的伪装。草食动物用深色皮毛搭配浅色的

条纹或斑点来保护自己。而肉食动物比如老虎，就是浅色皮毛深色条纹，这样便于它隐藏捕猎。还有猎豹，它藏在树上袭击猎物，一身斑点很像阳光在树林里投下的阴影，别的动物一不注意就会成为猎物。"看来，多亏绿侏儒出手相助，不然杰百利已经变成老虎的午餐了。

★你知道 2 个 260 比 3 个 240 少多少吗？

★★假如你养了传说中的斑驴 561 只，传说中的独角兽 845 只，它们一共有多少只？

**难点儿的你会吗**？

假如你建了一个动物园，用你的斑驴挣了 763 元，用你的独角兽挣了 229 元，观众却给你付了 982 元，这样对吗？

答案：少 200；一共有 1406 只，算错了，应该是 992 元。

87

# 萤乌贼的发光器

因为逃票溜进咕咕小姐的浴场游泳被逮到，皮克和杰百利一整个夏天都必须打工还债。这天，杰百利在浴场里发现了一些神秘的客人。它们好像在水池里游来游去，但一会儿能看到，一会儿又消失不见了。

"这是萤乌贼。"见多识广的菲幽爷爷说，"它们长得很小，身上有发光器官。但可不是为了夜里照明，而是在白天用的。当水面上有什么捕猎者出现，它就会让身体发光。亮光和水面反射的日光融为一体，敌人就看不见它了。"

杰百利受到了启发："要是我也会发光，游泳的时候是不是很好玩啊？"说干就干，它买来一套二手发光设备就下了浴池。但很快二手发光设备就漏电了，电得它浑身发麻，幸亏是低压电，不然杰百利就会有生命危险了。

★ 你的身高是 135 厘米，你的妈妈比你高 29 厘米，比你的爸爸矮 12 厘米，你知道你的爸爸身高是多少厘米吗？

★★ 你刚出生的双胞胎弟弟有 50 厘米高，他们的婴儿床有 10 分米长，把他们竖着在床上排成一排，会掉下去吗？

**难点儿的你会吗?**

假如你有 120 厘米高，而你 3 个好朋友的身高总和是你的 4 倍，你能算出他们的平均身高吗？

答案：你爸爸的身高 176 厘米；不会；平均身高 160 厘米。

爱放屁的鼹鼠皮皮

# 金雕不拍翅膀的飞翔

"我可以飞到海拔 4000 米的高空。"和绿侏儒聊天的金雕自豪地说道。

"吹牛吧？"杰百利在一边鄙视地吹起了口哨，"哪有能飞那么高的鸟。"

杰百利的嘟囔声不幸被金雕听见了："朋友，不相信的话我带你去见识见识。"金雕不由分说就展开了自己超过 2 米的大翅膀，驮起杰百利。它可不像普通鸟儿那样拍打着翅膀升空，而是静静伫立，等地面的上升气流出现后，才搭乘这股气流向高处飞去。一直飞到 4000 米高的雪山之上才缓缓下降。这段旅程可把杰百利折腾得不轻，冰冷的寒风、稀薄的空气让它都快晕过去了。害怕自己随时会摔成肉饼的杰百利不知拍了多少金雕的马屁，才被重新放回到地面上。

90

★你知道 4000 米里面有多少个 4 分米吗?

★★假如你有一个宠物金雕,它能飞到 4000 米,飞机能飞到 12000 米,飞机比它飞高了多少米?

**难点儿的你会吗?**

你的宠物金雕的翼展有 2 米,你的双臂能伸到 15 分米,你的胳膊还要长多少厘米,才能与金雕的翼展一样长?

答案: 有 10000 个; 飞高了 8000 米; 还要长长 50 厘米。

# 鸽子邮递员

"为什么鸽子布里每给咕咕小姐送一封信就能赚那么多钱，而我天天辛苦擦洗浴池，却连逃票的费用都没还清？"杰百利每天都愤愤不平地向皮克抱怨，它也想当一名邮递员。

"别傻了，信鸽可是有特殊本领的。"皮克说道，"晴天，信鸽可以靠太阳和生物钟定向。阴天的时候，信鸽靠地球磁场来帮助导航。这可以避免它迷失方向，准确地飞往要去的地方。"

杰百利听后还是不死心："这些本领虽然我都不会，但我有地图啊！"它真的应聘做了一位邮递员，但没过多久，杰百利就在森林里迷失了方向。要不是靠偷吃邮递的食物，可能它就得活活饿死在森林里了。

★如果你也当了邮递员，要运送三辆车，其中，三轮童车 135 元，两轮童车 368 元，自行车是它们的总价少 5 元，你能算出自行车是多少元吗？

★★鸽子布里收到小费 452 元，你收了 562 元，你比它多收了多少角？（提示：1 元 =10 角）

**难点儿的你会吗?**

假如你要送 100 个比萨，水果味的是 40 个，一共 600 元钱，火腿味的比萨钱数是水果味的总钱数的 2 倍，你知道火腿味的比萨每个多少钱吗？

答案：自行车是 498 元，多收了 1100 角，每个 20 元。

93

# 腐洞里建屋

在地面上住腻了的杰百利想住到树上去，可它哪来那么多钱修一座树屋呢？皮克灵机一动，给它出了个点子："我们可以利用现成的树洞啊！"

杰百利高兴起来："真有这样的好事吗？"皮克告诉它："这叫作腐洞。往往是啄木鸟在树上啄过后留下的坑。当雨水灌进坑里后，经过长时间的浸泡，坑会腐烂并变大。松鼠最喜欢利用这些腐洞来修建自己的房子。从婴儿室到储藏室和休息室，一只松鼠往往会有六七个这样的洞……"皮克说着说着，突然高兴地喊了起来，"看，这里有好几个腐洞，正好用来扩建我们的树屋。"可它还没开始动手，气鼓鼓的松鼠和眼镜蛇就从树洞里钻了出来。原来，这里已经被它们先占上了。

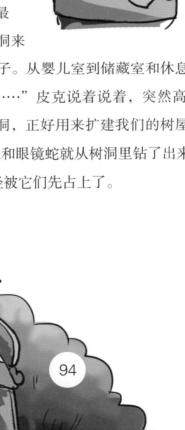

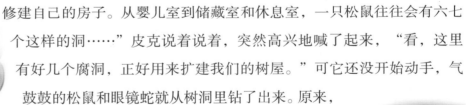

# 高压锅的威力

绿侏儒做饭的速度堪称一绝，每次要不了半小时就可以将各种热腾腾的食物端上桌，就像变魔术一样。禁不住杰百利的软磨硬泡，它把秘密说了出来。

"食物做得快，全靠它。"绿侏儒端出了一口扣得严丝合缝的金属锅，"这叫高压锅，通过密封加压的方式让锅内温度超过 100 摄氏度，十来分钟就可以把肉煮熟，节能省时。但因为锅内有大量蒸汽，处于高压状态，一旦操作不当或锅质量不好，有可能爆炸哦。"

可惜杰百利只听到了前半截话。它趁绿侏儒不在家，就偷偷把高压锅拿回了家。杰百利将各种食物把高压锅塞得满满的，还加了大量的水。这一通胡乱操作让高压锅变成了炸弹，"轰"的一声巨响后，杰百利家的厨房变成了废墟。

★假如你的高压锅第一天做饭用了 921 秒，第二天用了 365 秒，第二天比第一天少用了多少秒？

**难点儿的你会吗**？

假如你买了一台高效能的高压锅，原来需要 412 秒炖排骨，现在只需要 211 秒，原来需要 574 秒炖牛肉，现在只需要 327 秒，炖排骨和炖牛肉分别少用了多少秒？

答案：少了 556 秒。炖排骨少了 201 秒，炖牛肉少了 247 秒。

97

# 挖掘机挖宝

菲幽爷爷新买了一台挖掘机，这个大家伙很快就引来了杰百利羡慕的目光。它有着坦克一样的履带，顶着炮塔一样的操作室，通过机械臂带动巨大的铲斗挥舞个不停。

"这东西力气可真大啊！"杰百利连声夸赞。

"当然了。"菲幽爷爷自豪地说。"它有 20 吨重，每天可以挖 1500 立方米的土。哪怕土层下有坚硬的石块也可以轻松挖开，用它可以一直挖到很深的地方。"

菲幽爷爷的话提醒了杰百利，要是用挖掘机来挖埋藏的财宝，岂不是事半功倍吗？它死皮赖脸地找菲幽爷爷借来挖掘机就开上了海滩：

"这里说不定埋着大海带来的宝石，就从这里开挖吧！"

不过刚铲两铲子下去就被蓝章鱼紧急叫停了："海滩十分松软，下面就是饱含海水的沙土，再往下挖，海水就会漫上来把挖掘机淹没了！"

★你要为你的挖掘机换零件，有一个重 50 千克，另一个重 36 千克，它们一共重多少千克？

★★假如一台 2 吨重的挖掘机一天可以挖 150 方的土，12 台 2 吨重的挖掘机 5 天可以挖多少方的土？

**难点儿的你会吗**？

假如你的挖掘机第一天挖了 1500 方的土，第二天挖了 800 方的土，第三天挖了 960 方的土，第四天是第三天的 2 倍，这几天它一共挖了多少方的土？

答案：一共重 86 千克；可以挖 9000 方的土；5180 方的土。

# 猫怕老鼠?

　　大公猫迪克来地下城做客,这可吓坏了地鼠皮克。要知道,猫可是鼠类的天敌。看着躲在杰百利家不敢回去的皮克,菲幽爷爷出主意说道:"在非洲的撒哈拉沙漠南部,有一种体形巨大的老鼠。它的个头儿甚至比一般家猫都大,这就是冈比亚老鼠。冈比亚老鼠嗅觉非常灵敏。能准确嗅出地雷中的 TNT 炸药发出的气味,于是被人类训练用于排雷。但野生的冈比亚老鼠性格比较凶猛。一般家猫见了这种老鼠都会吓得瑟瑟发抖,恨不得早点儿逃跑。"

　　"那么,我们把这种老鼠请来吧!"好心的绿侏儒真的帮皮克请来了冈比亚老鼠。说来还真见效,冈比亚老鼠到的第二天,公猫迪克就逃之夭夭了。不过,接下来头痛的变成了绿侏儒。因为冈比亚老鼠这个饭量巨大的家伙不但赖在它家的后院不走,还吃光了它所有的粮食储备。

★假如这只神奇的老鼠一天能吃掉 1 袋小包装麦子，小包装麦子重量是大包装麦子重量的 1/4，它几天能吃掉 1 袋大包装麦子？

★★如果你这只神奇的老鼠一天需要吃掉 3 千克的肉，两个星期，你必须准备多少千克的肉？

**难点儿的你会吗**?

假如你的宠物老鼠已经在你这里生活了 726 天，还要再生活 346 天的 3 倍，它大约多少个月后就可以离开？（提示：1 个月 =30 天）

答案：4 天，42 千克，大约 34 个月后离开。

# 冬眠

寒冷的冬天快来了，准备冬眠的杰百利突然想起了一个严重的问题："我好像还没准备好过冬的食物！"

"这确实是个问题。"皮克告诉杰百利，"需要冬眠的动物有很多。比如蛇、蜈蚣、乌龟、蝙蝠、刺猬、蜗牛等。但大家准备冬眠的方式也有区别。有的熊一次可以睡 200 多天，而黑貂每年只冬眠 20 多天。大多数动物冬眠都不吃东西，但也有例外，比如獾，它不但要吃大量食物，而且还会在冬眠时用屁股对着嘴巴，拉了吃，吃了拉……"这种维持冬眠的法子也太恶心了吧。就算找不到吃的，杰百利也不愿意学獾那样。它突然想到一个办法：要是冬眠前在肚子里打满气，不就感受不到饥饿了？但也许是气打得太多，杰百利很快就像气球一样飞上了天空。

★假如你的宠物乌龟需要睡上 6 个月，蜈蚣需要睡 45 天，它们一共睡了多少天？（提示：1 个月 =30 天）

★★熊一次能睡上 200 天，黑貂每年只有 20 天的冬眠。黑貂要睡上几年，才是熊一次睡眠的天数？

**难点儿的你会吗?**

假如你有 10 种需要冬眠的宠物，其中 9 个宠物每个都需要睡 70 天，而你所有的宠物一共需要睡眠 800 天，你知道另一个宠物要睡多少天吗？

答案：225 天；要睡上 10 年；要睡 170 天。

# 蛇出洞

琼迪向杰百利和皮克大谈特谈自己在山洞探险时的奇闻："我发现了一个眼睛比灯笼还大的怪物。看它打呵欠的样子，估计连鳄鱼先生那样的壮汉都能吞下肚。"好奇心驱使着皮克和杰百利也冒险前去一探究竟。

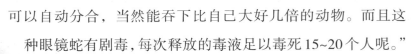

"原来是一条正在冬眠的眼镜蛇啊！"皮克恍然大悟，"蛇的上下颚可以自动分合，当然能吞下比自己大好几倍的动物。而且这种眼镜蛇有剧毒，每次释放的毒液足以毒死15~20个人呢。"

"这么说，发财的机会到了。"财迷心窍的琼迪趁眼镜蛇正在睡觉，准备把它抬回地下城供大家参观。没想到，它惊动了眼镜蛇，愤怒的大蛇吐出蛇芯子对琼迪做出攻击的状态，吓得琼迪呆若木鸡，看来琼迪这回要倒大霉了。

★ 眼镜蛇长达 2.75 米，你的宠物蛇有 250 厘米长，你的宠物蛇比眼镜蛇短多少厘米？

★★ 假如眼镜蛇每小时能爬 1 千米，你的时速是 871 米，你还要至少加快多少米，才能不被它追上？

**难点儿的你会吗**？

假如你到山洞里探险，发现洞里的眼镜蛇是按这样的条数排列的：1，1，2，3，5，8，（ ），你知道下一组眼镜蛇一共有多少条吗？

答案：短 25 厘米；要少加快 129 米；1+1=2，1+2=3，按此规律，是 13 条。

# 吃蛇的烟蛙

　　看见琼迪被困，皮克和杰百利跑回地下城向小精灵求救。小精灵听了事情的来龙去脉后，说道："我有办法。在巴拿马的森林中，有一种爱吃蛇的青蛙，叫烟蛙。它的皮肤可以变幻出不同颜色，遇到蛇时，它就靠这个本领把蛇迷惑得晕头转向，然后用胸前两块坚硬发达的肌肉把蛇牢牢夹住，就像钳子那样。等蛇被夹得半死不活时，就变成了烟蛙的美餐。"正好烟蛙在小精灵家做客。小精灵决定请它帮忙。果然，烟蛙一到现场，就逼眼镜蛇吐出了琼迪。可没想到的是，鳄鱼先生又兴冲冲地跑了过来："听说琼迪要举办一个有趣的展览，请问在哪里看？"天哪，要是鳄鱼先生发现琼迪的展览已经泡汤了，它一定会大发脾气的。皮克和杰百利可不愿为琼迪背黑锅，它俩赶紧逃走了。

**考考你**

★烟蛙跳跃的规律是：10，30（　　），（　　），（　　），你知道再跳几下能跳到 90 米吗？

★★小烟蛙捉了 28 只害虫，烟蛙妈妈比小烟蛙多捉了 18 只害虫，它们一共捉了多少只害虫？

**难点儿的你会吗？**

假如你领着 5 大 2 小 7 只宠物烟蛙去看电影，小烟蛙的门票是 15 元，成年烟蛙需要多花 10 元，你必须得带上多少钱，才能让它们都看上电影？

答案：50，70，90，再跳 3 下，一共捉了 74 只害虫，必须得带上 155 元钱。

# 坚守岗位的动物

　　地下城的居民准备聘请两位守夜人担任晚上的安保工作。听说这个岗位可以免费享受不限量供应的自助餐，皮克和杰百利立刻自告奋勇报了名。但它俩实在是太不称职了，每到半夜就会困得东倒西歪，然后沉沉睡去。

　　"还守夜呢，你们自个儿被偷走可能都醒不过来。"绿侏儒气得请来了专业人士顶替它俩守夜，"能坚守岗位的动物有大雁和海象。为了保证同伴的安全，大家睡觉时都会有一只站岗放哨。海象会推醒同伴轮流换班，而大雁则是优先保证'情侣'睡觉，由单身的大雁站岗。但不管怎么样，它们都是非常负责的。"看着新上岗的守夜人，不服气的皮克和杰百利发誓要让它们出出丑。但一直等到天亮，困得打起呼噜的两个捣蛋鬼也没找到机会。

**考考你**

★公园里有 512 只海象, 429 只大雁, 它们一共有多少只?

★★假如你要带 16 只海象和 20 只大雁去逛超市, 滑板车限坐 6 只, 扭扭车限坐 4 只, 你要怎么租车?

**难点儿的你会吗?**

假如你买了 25 块巧克力, 又买了 20 块巧克力, 把这些平均分给 9 只宠物海象, 每只海象分几块?

答案: 941 只; 租 6 辆滑板车, 也可以租 9 辆扭扭车; 或者租 4 辆滑板车和 3 辆扭扭车; 每只海象分 5 块。

# 海马爸爸

看着咕咕小姐每天带着自己的宝宝们逛街，一副欢乐幸福的样子，杰百利羡慕不已："要是我也是妈妈，就可以享受带孩子的乐趣了。"

皮克被逗笑了："就算是爸爸也可以像妈妈那样照顾孩子啊，比如模范父亲雄海马。"雄海马虽然只有 10~20 厘米长，但却是一位称职的"妈妈"。每到繁殖季节，雄海马的腹部就会形成宽大的"育儿袋"。雌海马会把卵产在雄海马的育儿袋里，卵靠吸收育儿袋里的营养为生。等它们发育成幼海马，雄海马就会开始"分娩"。

"雄海马竟然还能'生'宝宝？不过你的话启发了我。虽然我不能生宝宝，但可以照顾它们啊！"杰百利恍然大悟，它自告奋勇地要帮忙照顾咕咕小姐的孩子。但还不到一天，这些精力旺盛的小家伙就吃空了杰百利的钱包，还把它累得半死。

★假如海马妈妈产了120颗卵，而海马爸爸的育儿袋只能装下100颗卵，还有多少颗卵无法孵化？

★★你有48支棒棒糖，平均分给4只或8只小海马，每只小海马分得多少支？

**难点儿的你会吗？**

如果你为你的海马妈妈买了一根24厘米的彩绳，你剪下6厘米用来做你的书签，剩下的为它当头绳，每根长3厘米，你可以做多少根头绳？

答案：还有20颗；如果分给4只小海马，每只小海马每分12支，如果分给8只小海马，每只小海马每分6支。可以做6根。